AF318421

INTERPRÉTATION MÉCANIQUE

DE LA

LOI DE GRAVITATION

PAR

SÉLIGMANN-LUI,
Ingénieur en Chef des Mines.

(Extrait des ANNALES DES MINES, livraison d'Août-Décembre 1914.)

PARIS

H. DUNOD ET E. PINAT, ÉDITEURS
47 et 49, Quai des Grands-Augustins, 47 et 49

1914

INTERPRÉTATION MÉCANIQUE

DE LA

LOI DE GRAVITATION

TOURS. — IMPRIMERIE DESLIS FRÈRES ET Cᶦᵉ

INTERPRÉTATION MÉCANIQUE

DE LA

LOI DE GRAVITATION

PAR

SÉLIGMANN-LUI,

Ingénieur en Chef des Mines.

(Extrait des ANNALES DES MINES, livraison d'Août-Décembre 1914.)

PARIS

H. DUNOD ET E. PINAT, ÉDITEURS

47 et 49, Quai des Grands-Augustins, 47 et 49

—

1914

INTERPRÉTATION MÉCANIQUE

DE LA

LOI DE GRAVITATION

I. — REPRÉSENTATION DE L'ÉNERGIE DE GRAVITÉ PAR UNE INTÉGRALE.

1° Problème de la gravitation. — La simplicité, l'universalité de la loi de Newton semblent la classer, à côté des principes de la mécanique, parmi ces lois primordiales qui ne peuvent être ramenées à aucune loi plus générale. Et cependant cette simplicité même doit éveiller le doute, car nous n'avons aucun motif de croire à la simplicité mathématique des lois naturelles. S'il existe une relation entre deux grandeurs physiques, on doit supposer que l'une d'elles s'exprimera par une fonction quelconque de l'autre, sous une forme compliquée; cette fonction se simplifiera si on ne considère que de faibles écarts de la variable, entre lesquels on pourra remplacer la fonction par les premiers termes de son développement en série. Quand l'expérience découvre une relation simple entre deux quantités, on peut présumer que cette simplicité résulte de la faible amplitude des phénomènes mesurés. Si des corps exercent à distance des attractions réciproques, comment concevoir que ces attractions décroissent suivant la loi géométrique du carré des distances? N'est-on pas fondé à soupçonner que ces attractions ne sont qu'une conséquence de la déformation du milieu interposé entre les deux corps et que la simplicité de la loi de décroissance résulte de la petitesse des déformations ?

Un autre motif de soupçon est la présence du coefficient de masse, en facteur dans la formule de l'attraction. La masse est le coefficient spécifique de chaque corps, dans la relation entre la force appliquée au corps et l'accélération correspondante. Or ce coefficient de masse se retrouve dans un phénomène tout différent, l'attraction exercée par un corps sur tous les autres. A moins de supposer que la nature s'est plu à faire l'économie d'un coefficient, il faut bien admettre que la présence du même coefficient dans les deux formules établit un lien entre les deux phénomènes. Si les formules générales de la mécanique sont considérées comme primordiales, il est difficile de croire que la loi de Newton le soit aussi.

Il est vrai qu'une explication s'offre immédiatement à l'esprit ; les corps seraient constitués par des éléments semblables, et la masse mesurerait le nombre des particules constituant un corps ; chaque particule ayant des propriétés identiques, le nombre des particules pourrait entrer en facteur dans la formule de deux phénomènes entièrement distincts. Mais si les divers corps ne diffèrent que par le nombre de leurs particules, comment expliquer que toutes les grandeurs physiques ne soient pas proportionnelles aux masses? On devrait avoir égalité des chaleurs spécifiques, des chaleurs de changement d'état et de combinaison. Comment concilier cette explication avec la diversité des propriétés chimiques des corps? Le coefficient de masse, commun aux phénomènes d'accélération et d'attraction, ne se retrouve dans aucun autre. Comment admettre que les particules élémentaires des corps, différentes pour tout le reste, soient identiques à l'égard de ces deux seuls phénomènes?

On est ramené invinciblement à conclure que le phénomène d'attraction est lié, par un mécanisme inconnu, au phénomène d'accélération. Ainsi se pose le problème de l'interprétation mécanique de la loi de gravitation.

2° Conditions générales d'équilibre des systèmes en mouvement permanent. — Ce problème n'est pas sans précédent ; il s'est déjà posé pour la loi de Coulomb, dont la forme rappelle de si près la loi de Newton. Pour l'interprétation de la loi de Coulomb, nous renvoyons à une précédente étude sur les *Bases d'une théorie mécanique de l'électricité* (*). Nous aurons à utiliser quelques propositions énoncées dans cette étude, à laquelle nous nous référons pour le détail des démonstrations. Pour la gravitation, comme pour l'électricité, nous nous appuierons sur un postulat, précédemment formulé pour interpréter le second principe de la thermodynamique (**).

POSTULAT. — *Soit un système en mouvement permanent. Si l'état d'équilibre vient à cesser, par suite d'une modification infiniment petite, le système tendra à prendre un état d'équilibre nouveau. Ce déplacement se fera dans le sens des forces agissantes, qui produiront un travail positif, de sorte que l'énergie cinétique du système ira toujours en croissant.*

De ce postulat, on déduit les conditions générales d'équilibre d'un système en mouvement permanent. Soient U l'énergie totale, V l'énergie cinétique, P l'énergie potentielle d'un corps. La condition d'équilibre de température, dans un corps à température uniforme T, s'exprime par la condition :

$$\frac{dU}{dV} = MT,$$

(*) *Bases d'une théorie mécanique de l'électricité* (*Annales des Mines*, mai et juin 1906, et tirage à part, chez Dunod et Pinat : article résumé au *Journal de Physique*, août 1906).

(**) *Annales des Mines*, août 1902.

où dU et dV sont les variations virtuelles de U et de V pour chaque particule du corps, M un coefficient positif in..'oendant de la nature du corps.

La condition générale d'équilibre, pour l'ensemble d'un système matériel, est :

$$\Sigma(d\mathrm{U} - \mathrm{MT}d\mathrm{V}) = 0,$$

le signe Σ s'étendant à toutes les particules des corps constituant ce système. Cette condition se réduit à $\Sigma(d\mathrm{U}) = 0$, dans le cas particulier où les modifications virtuelles considérées ne modifient pas l'énergie cinétique, de sorte que la variation virtuelle dV est nulle ; la variation dU se réduit alors à une variation d'énergie potentielle. Dans ce cas, l'équilibre du système ne dépend pas de la température de ses parties. La relation $\Sigma(d\mathrm{U}) = 0$ indique que l'énergie du système passe par un minimum ou un maximum ; mais l'état stable ne peut correspondre qu'à un minimum d'énergie ; s'il y avait maximum, une variation virtuelle laisserait de l'énergie disponible pour une élévation de température, avec accroissement de l'énergie cinétique.

3° Nature exclusivement potentielle de l'énergie de gravité. — Ces conditions particulières de stabilité se présentent dans un système de corps soumis aux attractions de la gravité et à des résistances extérieures. Si m et m' sont les masses de deux corps distants d'une longueur r ; X, Y, Z, les composantes d'une force extérieure (ou d'une force d'inertie), la condition de stabilité du système est :

$$\Sigma\left(\frac{mm'}{r^2}\,dr\right) - \Sigma(\mathrm{X}dx + \mathrm{Y}dy + \mathrm{Z}dz) = 0.$$

Cette condition, étant indépendante de la température, doit rentrer dans la formule générale d'équilibre, relative aux modifications virtuelles, qui ne font pas varier l'énergie cinétique ; elle doit se ramener à $\Sigma\,(d\mathrm{U}) = o$, et exprimer que l'énergie du système est minima. Les termes $-\Sigma\,(\mathrm{X}dx + \mathrm{Y}dy + \mathrm{Z}dz)$ représentent une variation d'énergie potentielle due aux forces $(\mathrm{X},\ \mathrm{Y},\ \mathrm{Z})$; les termes $\Sigma\left(\dfrac{mm'}{r'^2}\,dr\right)$ doivent représenter également une variation d'énergie potentielle. C'est l'énergie due aux forces de gravité. Elle a pour valeur l'intégrale $-\Sigma\left(\dfrac{mm'}{r}\right)\cdot$

4° **Répartition élémentaire de l'énergie.** — Déjà nous étions arrivé à cette conclusion que l'énergie électrique est exclusivement potentielle, et nous en avions cherché l'interprétation dans les propriétés des corps diélectriques. Le diélectrique parfait serait incapable d'acquérir de l'énergie cinétique ; on peut concevoir des corps doués de cette propriété, car on démontre qu'elle appartient à des chaînes fermées de points matériels infiniment voisins, en mouvement successif permanent. L'énergie électrique aurait pour siège le diélectrique et serait par conséquent potentielle. Le diélectrique étant constitué par des points matériels en mouvement permanent, l'électrisation d'un conducteur voisin produirait de petites déformations des trajectoires ; si l'état neutre correspond au minimum d'énergie potentielle, ces déformations augmenteraient l'énergie dans toutes les particules du diélectrique. L'énergie électrique serait la somme de tous les accroissements élémentaires.

Entre l'électricité et la gravité, la nature exclusivement potentielle de l'énergie, la forme commune de son expression $\mathrm{K}\Sigma\left(\dfrac{mm'}{r}\right)$, sont des analogies qui peuvent nous servir de guide. Nous sommes conduits à admettre que l'énergie de gravité est une somme d'énergies élémentaires, localisées dans les particules d'un milieu, enveloppant les corps pesants Ce milieu doit avoir les propriétés d'un diélectrique p. fai : car la nature potentielle de l'énergie apparait. avec beaucoup plus de rigueur pour la gravité que pour l'électricité ; la condition d'équilibre, d'où elle se déduit, est établie par des expériences beaucoup plus nombreuses et plus précises. Si deux corps de masses $\overline{m}$ et m', distants de r, sont plongés dans ce diélectrique parfait, l'énergie de l'ensemble du système est mesurée par $-\dfrac{mm'}{r}$. Cette quantité doit être la valeur d'une intégrale, étendue au volume du diélectrique.

5° **Forme de la fonction représentant l'énergie.** — La valeur de cette intégrale ne dépend que de la distance des deux points M et M' ; le volume de l'intégration ne peut donc pas être limité par les corps, extérieurs au système des deux points ; l'intégration doit s'étendre à tout l'espace. Soit $E\,d\tau$ l'énergie élémentaire, ayant pour siège un élément de volume $d\tau$; E doit être une fonction homogène des coordonnées, du degré — 4, où entreront symétriquement les distances r, $r,'$ des points M et M' à l'élément de volume, ou les projections de ces distances sur les axes de coordonnées ; elle doit renfermer le coefficient mm'. S'il y a en présence plusieurs corps pesants, de masses $m_1, m_2, ..., m_k, ..., m_l, ...,$ E doit être une somme de termes semblables, de forme $m_k m_l \, \varphi\,(r_k, r_l)$.

Cette forme présente une analogie évidente avec les termes des doubles produits, dans le développement du carré d'une somme, telle que :

$$\Sigma\left(\frac{m}{r^2}\right)^2 \text{ ou } \left[\Sigma\,\frac{m\,(x-x_1)}{r^3}\right]^2 + \left[\Sigma\,\frac{m\,(y-y_1)}{r^3}\right]^2 + \left[\Sigma\,\frac{m\,(z-z_1)}{r^3}\right]^2.$$

Nous admettrons donc, comme en électricité, que la fonction E est de la forme KA^2 [ou $K\,(A^2 + B^2 + C^2)$],

A représentant une somme de termes linéaires en m, homogènes et de degré — 2 par rapport aux coordonnées, tels que :

$$\Sigma \left(\frac{m_k}{r_k^2} \right) \qquad \text{ou} \qquad \Sigma \frac{m_k (x - x_k)}{r_k^3}.$$

Dans le développement de A^2, on identifiera les doubles produits avec la valeur de l'énergie de gravité, donnée par l'expérience, et l'on n'aura pas à tenir compte des termes carrés. Car ces termes carrés ne renferment qu'un seul facteur de masse m_k et une seule distance r_k; ils ne dépendent donc pas de la position relative des points M_k, M_l, et ne donnent aucune variation pendant le déplacement relatif des corps pesants ; or l'énergie de gravité n'est mesurable que par ses variations pendant le déplacement relatif des corps.

6° Coefficient négatif du terme carré, dans la formule de l'énergie.— En électricité, cette forme carrée de l'énergie a pu s'interpréter aisément, en admettant que le terme KA^2 était le premier terme du développement d'une fonction $\varphi (A)$, atteignant un minimum quand A s'annule, et restant au voisinage de ce minimum ; dans ce cas, le coefficient K doit être essentiellement positif, et c'est bien en effet un coefficient positif qui multiplie $\frac{mm'}{r}$, dans l'expression de l'énergie électrostatique.

Ici s'arrête l'analogie entre l'électricité et la gravité, qui a pu tout d'abord nous guider. Dans l'expression de l'énergie de gravité, les termes $\frac{mm'}{r}$ sont précédés d'un coefficient négatif. Si le terme carré KA^2 représentait le premier terme du développement d'une fonction, celle-ci serait voisine d'un maximum et non d'un minimum. Si la fonction A pouvait varier, elle tendrait à s'éloigner de zéro, puisqu'un système où l'énergie est maxima n'est pas en état d'équilibre stable. A prenant des valeurs éloignées de zéro, les termes de degré supérieur cesseraient d'être négligeables dans le développement en série de $\varphi(A)$; l'intégrale de l'énergie ne se présenterait pas sous une forme simple.

Peut-on concevoir que l'énergie élémentaire KA^2 soit positive et que pourtant une intégrale définie $\int KA^2 d\tau$ soit une fonction négative des limites de l'intégration et, par conséquent, des distances r ? C'est ainsi que l'intégrale $\int_{r_0}^{r_1} \dfrac{dr}{r^2}$ donne, en r_1, la valeur négative $\dfrac{1}{r_0} - \dfrac{1}{r_1}$. Au point de vue purement mathématique, il est possible qu'on puisse trouver des solutions à ce problème; mais nous croyons pouvoir affirmer, après des recherches sans résultat, que ces solutions seraient sans intérêt pour le problème physique qui nous occupe. La forme négative $C - \dfrac{1}{r}$, de l'énergie de gravité, ne peut pas représenter une intégrale d'énergies élémentaires positives; dans l'expression KA^2 de l'énergie élémentaire, le coefficient K est négatif.

7° Nécessité d'un terme linéaire, donnant une intégrale minima. — L'énergie élémentaire E doit se présenter sous la forme $\varphi(A)$, — fonction d'une quantité A dépendant elle-même des coordonnées, — fonction simple pour que l'intégrale puisse se réduire à une fonction simple des distances entre les points matériels. Pour que $\varphi(A)$ prenne une forme simple, il faut admettre que cette fonction se réduit aux premiers termes de son développement; il faut donc que A reste très voisin de zéro. Pour que A reste voisin de zéro, il faut que la valeur zéro de A corresponde à un minimum. Si le terme négatif KA^2 était le premier du développement de $\varphi(A)$, on se trouverait au voisinage d'un maximum et non d'un minimum. Il faut donc de toute nécessité, que le développement de $\varphi(A)$ comprenne, avant le terme du second degré, un terme linéaire hA. Pour que la fonction soit voisine d'un minimum, malgré la présence de ce terme linéaire, il faut que A ne puisse pas changer de signe en passant par zéro; hA doit être une quantité essentiellement positive.

La quantité A est supposée soumise à des conditions de liaison, qui la déterminent incomplètement. L'état stable du système, correspondant au minimum d'énergie, serait atteint pour la valeur minima de l'intégrale

$$\int \varphi(A)\,d\tau = \int (hA + KA^2)\,d\tau.$$

Si A est très petit, on pourra, dans la recherche de ce minimum, négliger tous les termes du développement après le premier; on cherchera le minimum de l'intégrale $\int hA\,d\tau$.

Les conditions de minimum détermineront la valeur de A en chaque point de l'espace; nous savons que nous devons arriver à une valeur de A, d'une forme analogue à $\Sigma\left(\dfrac{m}{r^2}\right)$, où r est la distance d'un point de l'espace à un point pesant de masse m. L'intégrale $\int hA\,d\tau$ ne renfermera donc que des termes linéaires en $\dfrac{m}{r^2}$; étendue à tout l'espace, elle renfermera m, multiplié par une intégrale constante, telle que $\int \dfrac{d\tau}{r^2}$. La valeur de l'intégrale $\int hA\,d\tau$ ne dépend pas de la position réciproque des points pesants de masse

m_1, m_2, ..., m_k ; elle ne variera pas dans un déplacement relatif de ces points. L'énergie de gravité, mesurée par ses variations pendant le déplacement relatif des points matériels, ne dépendra donc pas du terme linéaire $h\mathrm{A}$, mais seulement du terme carré KA^2. Les valeurs de A seront déterminées par la recherche du minimum de $\int h\mathrm{A}d\tau$; mais cette valeur de $\int h\mathrm{A}d\tau$ restera inaccessible aux mesures expérimentales, qui ne nous donneront que les variations de $\int \mathrm{KA}^2 d\tau$; de ce dernier terme seul dépendront les attractions, dont la loi de Newton donne la formule.

Le coefficient K aura le signe de la dérivée seconde $\dfrac{d^2\mathrm{E}}{d\mathrm{A}^2}$; il peut être négatif, sans que la fonction E cesse d'être voisine d'un minimum, pourvu que $h\mathrm{A}$ reste toujours positif.

8° **L'énergie élémentaire doit dépendre d'une quantité scalaire, et l'équation de condition ne peut renfermer qu'un vecteur.** — La quantité A, ne devant jamais changer de signe, ne peut pas être un vecteur, ou sa projection sur un axe de coordonnées ; le signe d'un vecteur dépend du sens où il est pris, sur une direction donnée ; à toute quantité vectorielle A_1 correspondrait une quantité $-\mathrm{A}_1$ et l'intégrale $\int h\mathrm{A}d\tau$ s'annulerait. A ne peut être qu'une quantité scalaire ; or on n'en voit qu'une seule, du degré -2, qui ne dépende que de la distance r entre deux points ; c'est la fonction $\dfrac{1}{r^2}$. A sera donc la somme :

$$\frac{m_1}{r_1^2} + \frac{m_2}{r_2^2} + \cdots + \frac{m_k}{r_k^2} \cdots + \frac{m_l}{r_l^2} = \Sigma\left(\frac{m}{r^2}\right).$$

L'énergie élémentaire sera représentée par :

$$h\Sigma\left(\frac{m}{r^2}\right) + \mathrm{K}\left[\Sigma\left(\frac{m}{r^2}\right)\right]^2,$$

h étant positif et K négatif.

L'intégrale $\int h\Sigma\left(\frac{m}{r^2}\right)\,d\tau$, étendue à tout l'espace, doit être un minimum parmi des intégrales $\int \alpha d\tau$, la fonction α satisfaisant à certaines conditions de liaison, qu'il nous faudra rechercher.

$A = \Sigma\left(\frac{m}{r^2}\right)$ est une valeur particulière de α et doit satisfaire à l'équation de condition cherchée. Cette équation de condition est nécessairement linéaire en α ; car si A devait satisfaire à une équation non linéaire, plusieurs quantités $\frac{m_k}{r_k^2}$, $\frac{m_l}{r_l^2}$, se trouveraient réunies dans un même terme de l'équation de condition. Pour chaque élément de volume, la condition à satisfaire ne dépendrait pas seulement de la distance de cet élément aux points pesants, mais encore de la position relative de tous les points pesants. L'intégrale $\int hA d\tau$ ne serait pas indépendante de la distance des points pesants entre eux.

L'équation de condition doit être satisfaite pour tout l'espace, et en particulier pour des points très voisins d'un point pesant ; r tendant vers zéro, A prendra des valeurs infinies : pour que la fonction A puisse continuer de satisfaire à une équation de condition, il faut qu'elle entre dans cette équation avec un facteur ε qui tende vers zéro avec r. Ce facteur devra être du second degré en r, pour que $\frac{\varepsilon}{r^2}$ ne prenne jamais de valeurs infinies, soit que r grandisse, soit qu'il tende vers zéro ; ce fac-

tour ne peut être qu'une surface élémentaire, de sorte que A devra figurer dans l'équation de condition par un terme de la forme $A\,d\omega$. Cela suppose qu'en chaque point de l'espace, un certain élément de surface $d\omega$ correspond à une valeur de A. Il y a donc une relation entre A et la direction de cette surface ; quelle que soit la relation qu'on puisse imaginer, A devient lié à une direction déterminée, et cesse d'être une quantité scalaire. Il paraît impossible de concevoir comment une quantité scalaire entrerait dans une équation de condition sous la forme $A\,d\omega$. Au contraire, une pareille équation peut s'écrire facilement, si A est la projection d'un vecteur; si les trois projections d'un vecteur A, B, C, sont définies en chaque point de l'espace, la quantité $A\,dydz + B\,dzdx + C\,dxdy$ aura une valeur définie, tout le long d'une surface. L'équation de condition pourra prendre la forme :

$$\iint (A\,dydz + B\,dzdx + C\,dxdy) = C^{te}$$

ou

$$\iiint \left(\frac{dA}{dx} + \frac{dB}{dy} + \frac{dC}{dz}\right) d\tau = C^{te}.$$

Nous avons déjà rencontré une relation de cette forme en électricité; un vecteur (U, V, W) représentait la charge induite en chaque point du diélectrique, et satisfaisait à la relation :

$$\iiint \left(\frac{dU}{dx} + \frac{dV}{dy} + \frac{dW}{dz}\right) d\tau = 4\pi m,$$

m étant la charge électrique totale enfermée dans la surface limite de l'intégration.

Nous retombons donc sur cette relation connue, et il semble impossible d'en trouver une autre, où entre linéairoment la quantité $\frac{m}{r^2}$. Nous cherchions une relation à laquelle pût satisfaire la quantité scalaire $\Sigma\left(\frac{m}{r^2}\right)$; et nous ne pouvons faire entrer, dans notre équation de condition, qu'un vecteur dont les projections seraient :

$$\left[\Sigma\,\frac{m(x-x_k)}{r_k^3},\quad \Sigma\,\frac{m(y-y_k)}{r_k^3},\quad \Sigma\,\frac{m(z-z_k)}{r_k^3}\right].$$

Faut-il en conclure que la question est insoluble?

Faut-il renoncer à représenter l'énergie de gravité par une intégrale, déterminée par une condition de minimum? Avant d'abandonner cette voie, il faut nous demander si nous n'avons pas posé la question dans des termes trop étroits, trop exactement calqués sur les précédents de l'électricité. Les conditions de liaison auxquelles doit satisfaire la fonction A peuvent n'être pas suffisamment représentées par une équation où entrerait A ; elles peuvent exiger une définition plus complexe. Des raisonnements précédents il nous suffira de retenir les conditions géométriques essentielles du problème :

Une intégrale $\displaystyle\int \Sigma\left(\frac{m}{r^2}\right) d\tau$ doit être minima parmi toutes celles qui satisfont à certaines conditions de liaison.

Les conditions de liaison sont plus ou moins complètement exprimées par une équation de condition, à laquelle doivent satisfaire les projections α, β, γ, d'un vecteur :

$$\iiint\left(\frac{d\alpha}{dx}+\frac{d\beta}{dy}+\frac{d\gamma}{dz}\right)d\tau = 4\pi m.$$

Entre le vecteur $(\alpha, \beta, \gamma,)$ et la quantité scalaire $\Sigma\left(\frac{m}{r^2}\right)$ existent des relations, qui restent à préciser ; (α, β, γ)

3

parait être la résultante de plusieurs vecteurs dont chacun est, en valeur absolue, égal à $\frac{m_k}{r^2_k}$, et dirigé de l'élément de volume $d\tau$ vers un poids pesant M_k.

Cette détermination d'une quantité scalaire au moyen d'un vecteur semble être la propriété caractéristique, qui doit définir la nature du phénomène de gravité. Or cette caractéristique se retrouve dans l'expression du viriel, dû aux pressions qui s'exercent à l'intérieur d'un corps. Le viriel, rapporté à l'unité de volume, est une quantité scalaire dont la valeur est donnée par une somme de trois vecteurs. Afin de préciser cette analogie, il nous faut rappeler les formules générales d'équilibre d'un milieu, où s'exercent des pressions, et calculer le viriel en fonction des pressions.

II. — RECHERCHE DU VIRIEL MINIMUM DANS UN MILIEU RENFERMANT DES CENTRES DE PRESSION.

9° **Conditions générales d'équilibre des pressions.** — Considérons un milieu, dans lequel des efforts, pressions ou tensions, s'exercent à la surface de séparation de deux particules contiguës ; suivant le principe d'égalité de l'action et de la réaction, les forces appliquées aux deux particules, séparées par un élément plan, sont égales et contraires. On sait que les efforts exercés sur un élément de surface, dont les cosinus directeurs sont α, β, γ, peuvent être représentés en fonction de ces cosinus et des pressions exercées sur les surfaces parallèles aux plans de coordonnées. Soient A_x, A_y, A_z, les projections des forces appliquées par unité de surface, sur un élément perpendiculaire à l'axe des x ; B_x, B_y, B_z ; C_x, C_y, C_z, sur des éléments perpendiculaires aux axes des y et des z. En appliquant à un élément de volume les conditions générales de l'équilibre statique, on trouve les égalités :

$$A_y = B_x, \qquad A_z = C_x, \qquad B_z = C_y,$$

données par les équations des moments. Si l'on admet qu'il n'existe pas de forces appliquées intérieurement aux particules, mais seulement les pressions et tensions appliquées extérieurement, les équations de projections des forces extérieures donnent les conditions d'équilibre :

$$\frac{dA_x}{dx} + \frac{dA_y}{dy} + \frac{dA_z}{dz} = 0,$$

$$\frac{dB_x}{dx} + \frac{dB_y}{dy} + \frac{dB_z}{dz} = 0,$$

$$\frac{dC_x}{dx} + \frac{dC_y}{dy} + \frac{dC_z}{dz} = 0.$$

Suivant les notations usitées, posons :

$$B_z = C_y = \tau_1, \qquad A_z = C_x = \tau_2, \qquad A_y = B_x = \tau_3,$$
$$A_x = N_1, \qquad B_y = N_2, \qquad C_z = N_3.$$

L'effort exercé normalement à un élément de surface de cosinus (α, β, γ) sera donné par la formule :

$$N_1\alpha^2 + N_2\beta^2 + N_3\gamma^2 + 2\tau_1\beta\gamma + 2\tau_2\alpha\gamma + 2\tau_3\alpha\beta.$$

Ce sera une pression, si cette quantité est positive ; une traction, si elle est négative.

Il existe trois plans rectangulaires, dits plans principaux, sur lesquels les efforts s'exercent normalement ; si l'on prend pour axes les directions principales, les efforts, sur une direction quelconque (α, β, γ), peuvent être exprimés en fonction des efforts principaux P, Q, R ; la composante normale de l'effort est égale à $P\alpha^2 + Q\beta^2 + R\gamma^2$. Nous allons exprimer la condition d'équilibre en fonction des efforts principaux.

Considérons (*fig.* 1) deux surfaces infiniment voisines, orthogonales aux directions principales P ; traçons deux

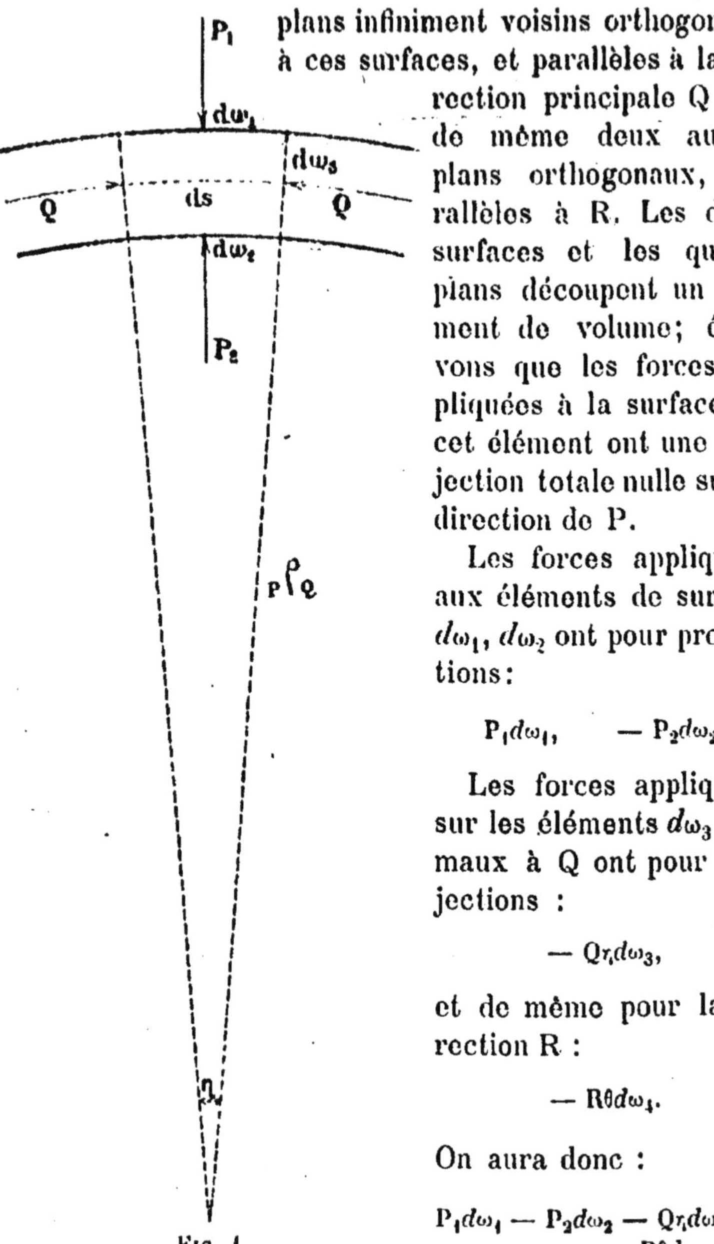

Fio. 1.

plans infiniment voisins orthogonaux à ces surfaces, et parallèles à la direction principale Q ; et de même deux autres plans orthogonaux, parallèles à R. Les deux surfaces et les quatre plans découpent un élément de volume; écrivons que les forces appliquées à la surface de cet élément ont une projection totale nulle sur la direction de P.

Les forces appliquées aux éléments de surface $d\omega_1$, $d\omega_2$ ont pour projections :

$$P_1 d\omega_1, \qquad - P_2 d\omega_2.$$

Les forces appliquées sur les éléments $d\omega_3$ normaux à Q ont pour projections :

$$- Q\eta\, d\omega_3,$$

et de même pour la direction R :

$$- R\theta\, d\omega_4.$$

On aura donc :

$$P_1 d\omega_1 - P_2 d\omega_2 - Q\eta\, d\omega_3 - R\theta\, d\omega_4 = 0.$$

L'angle η est égal à $\dfrac{ds}{{}_P\rho_0}$, en désignant par ${}_P\rho_0$ le rayon de courbure de la section, par le plan PQ, de la surface orthogonale à P. Le terme $-Q_r d\omega_3$ est égal à $-\dfrac{Q}{\rho_Q} d\tau$,

et de même le dernier terme s'écrira $-\dfrac{R}{\rho_R} d\tau$.

Désignons par P un vecteur ayant même grandeur et même direction que les pressions principales P_1, P_2 et même sens que la force appliquée par une pression sur la surface convexe $d\omega_1$; appelons P_n la projection du vecteur P sur la normale à la surface de l'élément, cette projection étant comptée positivement quand elle est dirigée de l'extérieur vers l'intérieur de cette surface. Les termes $P_1 d\omega_1 - P_2 d\omega_2$ ont la même valeur que l'intégrale $\int P_n d\omega$, étendue à toute la surface de l'élément de volume. En effet la projection P_n est nulle pour les faces planes de l'élément, elle se réduit à P_1 et $-P_2$ sur les deux faces courbes. Si P_x, P_y, P_z, sont les projections de P sur les axes de coordonnées :

$$\int P_n d\omega = \int \left(\frac{dP_x}{dx} + \frac{dP_y}{dy} + \frac{dP_z}{dz} \right) d\tau.$$

En désignant par DP la divergence du vecteur P, l'équation d'équilibre s'écrira :

$$DP - \frac{Q}{\rho_Q} - \frac{R}{\rho_R} = 0.$$

Le signe de $\dfrac{R}{\rho_R}$ serait changé si la courbure des deux sections normales rectangulaires était de sens contraire.

Considérons le cas particulier où les efforts P, Q, R sont essentiellement positifs, c'est-à-dire que ce sont des pressions et non des tensions. L'équation d'équilibre nous donnera :

$$DP > 0.$$

toutes les fois que la courbure des deux sections rectangulaires sera de même sens.

On peut étendre ce résultat à un volume de dimensions quelconques, à condition d'adopter une autre convention pour la définition des vecteurs P, Q, R : tout le long d'une surface normale aux pressions principales P, le vecteur P aura le sens de la force appliquée par une pression sur cette surface ; il gardera le même sens tout le long d'une ligne de pression principale tracée tangentiellement aux pressions P.

L'équation $DP = \dfrac{Q}{\rho_Q} + \dfrac{R}{\rho_R}$ subsistera, à condition de donner un signe au rayon de courbure : positif, si le centre de courbure de la section est, par rapport à cette section, dans le sens positif des vecteurs P ; négatif, dans le cas contraire. L'intégrale $\int DP\, d\tau$ sera positive quand elle s'étendra à un volume où les rayons de courbure sont positifs, ainsi que les pressions Q et R.

Un système de pressions est défini par la grandeur et la direction des pressions principales en chaque point de l'espace. On peut concevoir que de nouvelles pressions s'ajoutent aux premières et que la superposition de plusieurs systèmes composants constitue un système résultant. Si chacun des systèmes composants satisfait aux équations d'équilibre, le système résultant y satisfait aussi, puisque ces équations expriment seulement que les projections et les moments des forces s'annulent. Bien que nous ayons représenté les pressions par des vecteurs, pour écrire les équations d'équilibre, il faut bien remarquer que les pressions principales ne se composent pas suivant la règle de composition des vecteurs. Les directions principales, dans le système résultant, ne coïncident pas, en général, avec celles d'aucun des systèmes composants, à moins que ceux-ci n'aient tous mêmes directions principales. Ainsi la divergence DP, dans le système résultant, n'est pas la somme des divergences des systèmes composants. Mais les forces appliquées à un même élément de surface se composent : les projections A_x, A_y, A_z de la pression appliquée sur un des plans de coordonnées, donnent, dans le système résultant, une pression $\Sigma(A_x)$, $\Sigma(A_y)$, $\Sigma(A_z)$.

10° Calcul du viriel dû aux pressions. — Dans un milieu où s'exercent des pressions, proposons-nous de calculer le viriel dû aux forces de pression. Nous rappelons que le viriel de Clausius est la fonction $\Sigma(Xx + Yy + Zz)$, où X, Y, Z représentent les projections d'une force, et x, y, z les coordonnées de son point d'application.

Calculons le viriel des forces de pressions appliquées à un parallélipipède élémentaire. Soient A_x, A_y, A_z les trois projections de la pression appliquée au point (x, y, z), au milieu d'une surface $dydz$. La force appliquée a pour composantes :

$$dydzA_x, \qquad dydzA_y, \qquad dydzA_z,$$

et les termes correspondants au viriel sont :

$$dydzxA_x, \qquad dydzyA_y, \qquad dydzzA_z.$$

Les pressions exercées sur la face opposée, distante de dx, donneront les termes du viriel :

$$- dydz\,(x + dx)\left(A_x + \frac{dA_x}{dx}\,dx\right),$$
$$- dydzy\left(A_y + \frac{dA_y}{dx}\,dx\right),$$
$$- dydzz\left(A_z + \frac{dA_z}{dx}\,dx\right).$$

Ces termes, ajoutés aux précédents, donnent, en négligeant les infiniment petits d'ordre supérieur :

$$- dx\,dy\,dz \left(A_x + x\,\frac{dA_x}{dx} + y\,\frac{dA_y}{dx} + z\,\frac{dA_z}{dx} \right).$$

En complétant par les termes dus aux pressions $(B_x,\ B_y,\ B_z)$, $(C_x,\ C_y,\ C_z)$ appliquées sur les deux autres faces, le viriel prend la forme :

$$- dx\,dy\,dz \left[A_x + B_y + C_z + x \left(\frac{dA_x}{dx} + \frac{dB_x}{dy} + \frac{dC_x}{dz} \right) \right.$$
$$\left. + y \left(\frac{dA_y}{dx} + \frac{dB_y}{dy} + \frac{dC_y}{dz} \right) + z \left(\frac{dA_z}{dx} + \frac{dB_z}{dy} + \frac{dC_z}{dz} \right) \right].$$

Les coefficients de x, y, z sont nuls en vertu des équations d'équilibre ; le viriel, rapporté à l'unité de volume, se réduit donc à $- (A_x + B_y + C_z)$.

Cette somme est indépendante du choix des axes ; car si P, Q, R sont les pressions principales, faisant avec les axes les angles de cosinus $(\alpha_1,\ \beta_1,\ \gamma_1)$. $(\alpha_2,\ \beta_2,\ \gamma_2)$, $(\alpha_3,\ \beta_3,\ \gamma_3)$, on a :

$$\begin{aligned}
A_x &= P\alpha_1^2 + Q\beta_1^2 + R\gamma_1^2 \\
B_y &= P\alpha_2^2 + Q\beta_2^2 + R\gamma_2^2 \\
C_z &= P\alpha_3^2 + Q\beta_3^2 + R\gamma_3^2 \\
\hline
A_x + B_y + C_z &= P + Q + R
\end{aligned}$$

Dans un système résultant, formé de la superposition de plusieurs systèmes de pressions, le viriel résultant est la somme des viriels composants, puisque les pressions normales, A_x, s'ajoutent.

11° Recherche du viriel minimum dans un milieu renfermant des centres de pression. Cas d'un seul centre. — Soit un milieu où s'exercent des pressions et où sont plongés de petits corps sphériques, avec des pressions normales uniformément réparties au contact de ces petites sphères. Ces pressions au contact, étant données, ne suffisent pas à déterminer les pressions dans toute l'étendue du milieu ; il y aura une infinité de systèmes de pressions satisfaisant aux équations d'équilibre et aux conditions limites de pression à la surface des sphères.

Parmi ces systèmes, nous nous proposons de chercher la distribution de pressions qui donnera la valeur minima à l'intégrale du viriel, étendue à tout l'espace, et changée de signe :

$$\int (P + Q + R)\, d\tau.$$

Le problème ne peut se poser que si les pressions P, Q, R, sont assujetties à certaines conditions restrictives ; car, si elles n'étaient liées que par les équations d'équilibre, on y satisferait au moyen de pressions négatives, dont la valeur absolue pourrait croître au delà de toute limite ; il n'y aurait pas de minimum. Une condition très simple serait que le milieu considéré, comme les fluides connus, ne pût transmettre que des pressions, et non des tensions, de sorte que P, Q, R, fussent des quantités essentiellement positives. C'est dans cette hypothèse que nous allons traiter le cas particulier, où il n'existe qu'un point central, autour duquel les pressions sont données.

Soit P_0 leur valeur, $d\omega$ un élément de surface de la sphère ; posons $\int P_0 d\omega = 4\pi m$. Je dis que le minimum de l'intégrale $\int (P + Q + R)\, d\tau$ est atteint pour un système de pressions où Q et R sont nuls, et dans lequel les pressions P ont la valeur $\dfrac{m}{r^2}$ et sont dirigées suivant la droite joignant chaque point de l'espace au centre de la petite sphère.

Il suffira de montrer que $\int \dfrac{m}{r^2}\, d\tau$ est un minimum parmi les intégrales $\int P d\tau$; car l'intégrale $\int (Q + R)\, d\tau$, ne renfermant que des éléments positifs, est minima quand Q et R sont nuls.

Quand la pression P est égale à $\frac{m}{r^2}$, les trois projections du vecteur correspondant sont (en prenant pour origine des coordonnées le centre de la petite sphère) :

$$P_x = \frac{mx}{r^3}, \qquad P_y = \frac{my}{r^3}, \qquad P_z = \frac{mz}{r^3}.$$

Supposons qu'on leur ajoute de petites quantités α, β, γ. Les surfaces normales à P, qui étaient sphériques, se déformeront; mais, dans une petite déformation, elles resteront concaves vers le centre de la sphère déformée. On aura donc toujours DP > 0.

$$DP = \frac{dP_x}{dx} + \frac{dP_y}{dy} + \frac{dP_z}{dz} + \frac{d\alpha}{dx} + \frac{d\beta}{dy} + \frac{d\gamma}{dz}.$$

Or

$$\frac{dP_x}{dx} + \frac{dP_y}{dy} + \frac{dP_z}{dz} = 0.$$

On aura donc dans tout l'espace :

$$\left(\frac{d\alpha}{dx} + \frac{d\beta}{dy} + \frac{d\gamma}{dz} \right) > 0.$$

L'intégrale $\int P d\tau$ prendra la valeur :

$$= \int d\tau \sqrt{(P_x + \alpha)^2 + (P_y + \beta)^2 + (P_z + \gamma)^2}$$

$$= \int d\tau \sqrt{P_x^2 + P_y^2 + P_z^2} \left(1 + \frac{\alpha P_x + \beta P_y + \gamma P_z + \frac{1}{2}(\alpha^2 + \beta^2 + \gamma^2)}{P_x^2 + P_y^2 + P_z^2} \right).$$

Pour que l'accroissement donné à $\int P d\tau$ soit positif, il faut que :

$$\int \frac{\alpha P_x + \beta P_y + \gamma P_z}{\sqrt{P_x^2 + P_y^2 + P_z^2}}\, d\tau$$

soit toujours positif. Cette intégrale est égale à :

$$\int d\tau \left(\alpha\, \frac{dr}{dx} + \beta\, \frac{dr}{dy} + \gamma\, \frac{dr}{dz} \right).$$

Transformons cette expression par une intégration par parties :

$$\int\!\int dy\,dz \int \alpha\, \frac{dr}{dx}\, dx = \int\!\int dy\,dz \left[(\alpha r)_2 - (\alpha r)_1 - \int r\, \frac{d\alpha}{dx}\, dx \right].$$

Ajoutons les quantités similaires en β, γ, et étendons l'intégration à l'espace compris entre deux sphères ayant l'origine pour centre. Le long de la sphère de rayon r_2, l'intégrale de surface :

$$\int\!\int dy\,dz\,(\alpha r)_2 = r_2 \int\!\int\!\int_0^2 \frac{d\alpha}{dx}\, d\tau,$$

l'intégrale de volume étant prise à l'intérieur de la sphère de rayon r_2. L'expression transformée devient :

$$r_2 \int\!\int\!\int_0^2 \left(\frac{d\alpha}{dx} + \frac{d\beta}{dy} + \frac{d\gamma}{dz} \right) d\tau - r_1 \int\!\int\!\int_0^1 \left(\frac{d\alpha}{dx} + \frac{d\beta}{dy} + \frac{d\gamma}{dz} \right) d\tau$$

$$- \int\!\int\!\int_1^2 r \left(\frac{d\alpha}{dx} + \frac{d\beta}{dy} + \frac{d\gamma}{dz} \right) d\tau$$

$$= \int\!\int\!\int_0^1 (r_2 - r_1) \left(\frac{d\alpha}{dx} + \frac{d\beta}{dy} + \frac{d\gamma}{dz} \right) d\tau$$

$$+ \int\!\int\!\int_1^2 (r_2 - r) \left(\frac{d\alpha}{dx} + \frac{d\beta}{dy} + \frac{d\gamma}{dz} \right) d\tau$$

Dans les deux intégrales, les coefficients $r_2 - r_1$, $r_2 - r$, sont toujours positifs ; comme il en est de même de $\frac{dx}{dx} + \frac{d\beta}{dy} + \frac{d\gamma}{dz}$, les intégrales ont une valeur positive. Toute variation de P_x, P_y, P_z, satisfaisant aux conditions d'équilibre, augmentera donc l'intégrale du viriel étendue

à une sphère de rayon quelconque. La valeur $\int \frac{m}{r^2}\, d\tau$

est donc bien un minimum. Cette intégrale, étendue à une sphère de rayon r, prend la valeur $4\pi m r$; elle devient donc infinie quand on l'étend à tout l'espace. Quand nous disons que cette quantité infinie est un minimum, il faut entendre que la valeur $4\pi m r$ est un minimum parmi les intégrales étendues à une sphère de rayon r, et qu'elle reste toujours minima, quelle que soit la grandeur de r.

Nous donnerons à la distribution de pressions, correspondant à ce minimum, le nom de système rayonnant autour du centre de la sphère.

12° **Cas de plusieurs centres de pressions.** — Passons au cas où il existe plusieurs petites sphères autour desquelles les pressions normales sont données. Nous ne pouvons donner une solution absolument générale de la question, mais nous traiterons le cas où un nombre fini de petites sphères sont plongées dans un milieu d'étendue indéfinie.

Soient M_1, M_2, ..., M_k les centres des sphères et $4\pi m_1$, $4\pi m_2$, ..., $4\pi m_k$ les valeurs correspondantes de l'intégrale des pressions de contact $\int P_0 d\omega$; r_1, r_2, ..., r_k, la distance d'un point de l'espace aux centres.

Traçons le système rayonnant autour de chaque point M, et composons ensemble tous ces systèmes ; nous donnerons au système résultant le nom de système rayonnant

autour des centres de pression. En chaque point du système résultant, la valeur du viriel, par unité de volume,
est :

$$\frac{m_1}{r_1^2} + \frac{m_2}{r_2^2} + \cdots + \frac{m_k}{r_k^2}.$$

Pour le même système, la valeur de l'intégrale du viriel
est :

$$\int \left(\Sigma\, \frac{m}{r^2} \right) d\tau.$$

Ce système satisfait, comme les composants, aux
équations d'équilibre. Quant à la condition de donner,
autour de chaque point central, une pression résultante,
dirigée vers le centre, égale à $\frac{m}{r'^2}$, elle n'est qu'approxi-
mativement remplie ; elle est rigoureusement remplie par
un des systèmes composants, et les autres pressions, qui
se superposent, ont des directions différentes ; mais ces
pressions additionnelles sont négligeables relativement
à $\frac{m}{r'^2}$ quand r est très petit.

Nous nous proposons de chercher la condition restric-
tive à laquelle il faut assujettir les pressions P, Q, R,
pour que le système rayonnant autour des centres corresponde à une valeur minima, pour l'intégrale du viriel,
étendue à tout l'espace.

Soient P_x, P_y, P_z, les projections du vecteur des pressions principales dirigées vers le centre, dans l'un des
systèmes, rayonnant autour d'un centre M. Supposons
une variation virtuelle, donnant à ces projections les
valeurs :

$$P_x + \alpha \qquad P_y + \beta \qquad P_z + \gamma,$$

avec des variations simultanées de Q et de R.

La relation :

$$DP = \frac{Q}{{}_P\rho_Q} + \frac{R}{{}_P\rho_R}$$

donne, dans une variation virtuelle :

$$\delta(DP) = \frac{\delta Q}{{}_P\rho_Q} + \frac{\delta R}{{}_P\rho_R} - \frac{Q}{{}_P\rho_Q{}^2}\,\delta_P\rho_Q - \frac{R}{{}_P\rho_R{}^2}\,\delta_P\rho_R.$$

Si la distribution initiale est celle du système rayonnant, Q et R sont nuls, ${}_P\rho_Q$ et ${}_P\rho_R$ sont égaux à la distance r, de chaque point au centre de pression. On aura donc :

$$\delta(Q + R) = r\delta(DP)$$

or

$$\delta(DP) = \delta\left(\frac{dP_x}{dx} + \frac{dP_y}{dy} + \frac{dP_z}{dz}\right)$$
$$= \frac{d(\delta P_x)}{dx} + \frac{d(\delta P_y)}{dy} + \frac{d(\delta P_z)}{dz}$$
$$= \frac{d\alpha}{dx} + \frac{d\beta}{dy} + \frac{d\gamma}{dz}.$$

La variation δP, précédemment calculée dans le cas d'un seul centre, est égale à :

$$\alpha\frac{dr}{dx} + \beta\frac{dr}{dy} + \gamma\frac{dr}{dz} + \frac{1}{2}\frac{\alpha^2 + \beta^2 + \gamma^2}{\sqrt{P_x{}^2 + P_y{}^2 + P_z{}^2}}.$$

La variation virtuelle du viriel, pour un élément de volume $d\tau$, sera donc :

$$d\tau\left[\alpha\frac{dr}{dx} + r\frac{d\alpha}{dx} + \beta\frac{dr}{dy} + r\frac{d\beta}{dy} + \gamma\frac{dr}{dz} + r\frac{d\gamma}{dz} + \frac{1}{2}\frac{\alpha^2 + \beta^2 + \gamma^2}{\sqrt{P_x{}^2 + P_y{}^2 + P_z{}^2}}\right]$$
$$= d\tau\left[\frac{d(r\alpha)}{dx} + \frac{d(r\beta)}{dy} + \frac{d(r\gamma)}{dz} + \frac{1}{2}\frac{\alpha^2 + \beta^2 + \gamma^2}{\sqrt{P_x{}^2 + P_y{}^2 + P_z{}^2}}\right].$$

En intégrant à l'intérieur d'une sphère de rayon r,

on aura :

$$\delta \iiint (P + Q + R)\, d\tau$$
$$= r \iint (\alpha\, dy\, dz + \beta\, dz\, dx + \gamma\, dx\, dy) + \iiint \frac{1}{2} \frac{\alpha^2 + \beta^2 + \gamma^2}{\sqrt{P_x^2 + P_y^2 + P_z^2}}\, d\tau.$$

Ou, en appelant δ_n la projection de α, β, γ, sur la rayon de la sphère :

$$\delta \iiint (P + Q + R)\, d\tau$$
$$= r \iint_{\text{sphère}} \delta_n\, d\omega + \iiint \frac{1}{2} \frac{\alpha^2 + \beta^2 + \gamma^2}{\sqrt{P_x^2 + P_y^2 + P_z^2}}\, d\tau.$$

La dernière intégrale est essentiellement positive. Pour que la variation virtuelle soit toujours positive, il suffit que l'intégrale de surface $\iint \delta_n\, d\omega$ soit constamment positive ou nulle.

δ_n est égal à δP, variation de la valeur absolue de la pression principale P.

Dans chaque système rayonnant autour d'un centre M, on a $\int P\, d\omega = 4\pi m$.

Sur une sphère de centre M_1 et de rayon infini, les directions principales des autres systèmes rayonnants, de centres M_2, M_3, ..., M_k, font des angles infiniment petits avec les normales à la sphère de centre M_1. La somme des intégrales $\iint P\, d\omega$, relative à chaque système rayonnant, sera donc égale à l'intégrale $\int P_n\, d\omega$, relative à l'ensemble des systèmes, prise le long d'une sphère de très grand rayon r, P_n représentant la pression principale normale à cette sphère.

La condition

$$\int \delta P \, d\omega \geqq 0$$

revient donc à :

$$\int P_n \, d\omega \geqq \Sigma\,(4\pi m).$$

Si cette condition est remplie, le système rayonnant autour des centres correspondra à un minimum du viriel des pressions.

Il est facile de vérifier que cette condition se ramène à celle des pressions positives dans le cas d'un seul centre. Mais il n'en est plus de même dans le cas de plusieurs centres. Il faut donc s'en tenir à la condition générale :

$$\int P_n \, d\omega \geqq \Sigma\,(4\pi m)\,;$$

celle-ci étant admise, il est superflu de faire une hypothèse sur le signe des pressions ; la condition générale suffit à déterminer la distribution du viriel minimum, qui donne au viriel en chaque point la valeur $\Sigma \left(\dfrac{m}{r^2}\right)\cdot$

Si nous prenons cette condition sous forme d'une équation :

$$\int P_n \, d\omega = \Sigma\,(4\pi m) = \int P_0 \, d\omega_0,$$

elle exprime qu'il y a une valeur constante pour un flux de pressions, traversant les surfaces des petites sphères centrales, et sortant du milieu enveloppant à travers la surface d'une sphère de rayon infini. Or, si l'on s'en tient à la notion la plus générale des pressions (ou tensions) exercées dans un milieu, ces pressions n'ont pas de sens positif ou négatif ; elles ne sont pas plus dirigées vers les points centraux que de ces points vers l'extérieur ; les lignes de pressions principales peuvent partir

de l'une des petites sphères, pour aboutir à une autre.
Puisque la forme de l'équation de condition nous impose
la conception d'un flux de pressions, sortant de toutes
les sphères centrales, il faut admettre qu'au contact de
deux milieux hétérogènes, il existe quelque chose de plus
que la seule pression. Celle-ci doit être liée à un autre
phénomène, qui permette de définir un sens positif des
pressions. Il y a quelque chose, qui pénètre dans le milieu enveloppant, au contact des sphères centrales, et qui
est mesuré par le flux de pressions ; l'équation de condition nous dit que cette chose inconnue, de quelque nature
qu'elle puisse être, introduite dans le milieu enveloppant,
doit en ressortir en quantité égale, mesurée par un flux
de pressions égal. C'est tout ce qu'on peut conclure de la
forme mathématique des conditions de liaison. Il restera
à en tirer l'interprétation physique.

III. — INTERPRÉTATION DE LA GRAVITÉ.

13° **Justification de l'hypothèse des centres de pression.** —
Dans la distribution rayonnante des pressions, la forme
du viriel en chaque point, $\Sigma \left(\dfrac{m}{r'^2} \right)$, est précisément celle
que doit prendre le premier terme du développement de
l'énergie élémentaire de gravité ; ce terme, intégré dans
tout l'espace, doit être un minimum, condition satisfaite
par l'intégrale du viriel. On peut donc interpréter le phénomène de la gravité en admettant que l'énergie de gravité
est fonction du viriel, en chaque point d'un milieu répandu
dans tout l'espace, et satisfaisant aux conditions que
nous avons admises dans la recherche du viriel minimum.

La condition primordiale est l'existence de petits corps,
distincts du milieu enveloppant, avec des pressions déterminées, appliquées normalement à la surface de contact.
Dans un milieu homogène, en dehors de toute action

extérieure, il est évident qu'il ne peut s'exercer locale-
ment aucune pression ; on ne
pourrait imaginer qu'une pression uniforme, s'exerçant également sur tous les points de
l'espace et dans toutes les directions.

Supposons le milieu composé
d'atomes, constitués eux-mêmes
par des chaines fermées de
points matériels en mouvement
successif permanent. Un atome

Fig. 2. — Représentation
schématique d'un atome,
constitué par des points
matériels en mouvement
successif permanent.

étant immobile, toutes les forces, qui s'exercent sur la
chaine de points matériels, doivent s'annuler. On pourra

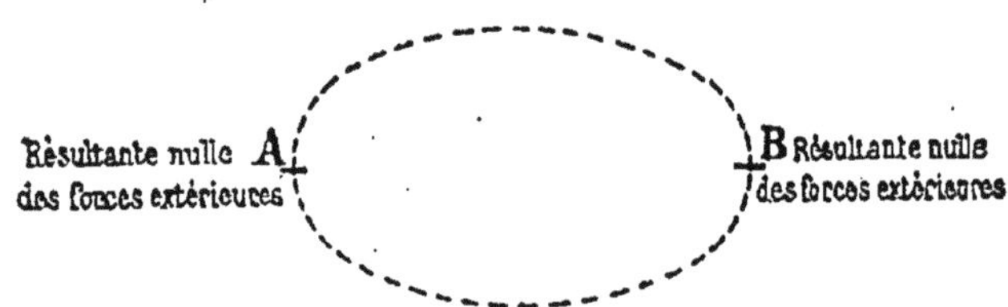

Fig. 3. — Représentation schématique d'un milieu sans pression.

dire qu'il n'y a aucune pression dans le milieu, si les
forces extérieures appliquées
à un atome s'annulent en
chaque point de la chaine,
ou tout au moins sur la
moitié de cette chaine. Il y
aura pression, si la moitié
de la chaine est soumise à
des forces, dont la résultante ne s'annule pas ; l'équilibre de l'atome ne sera

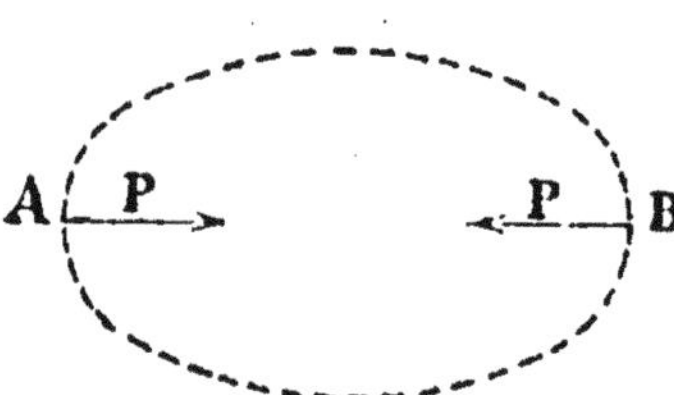

Fig. 4. — Représentation schématique d'un milieu avec
pression. Résultantes des forces
extérieures, en A et B, égales
et contraires.

maintenu que par l'application, à l'autre moitié de la
chaine, d'une force résultante égale et contraire. Au

contact de deux milieux différents, on doit supposer que
les forces extérieures, appliquées à un atome, cessent

d'être uniformément
réparties dans toutes
les directions ; dans
la direction normale à
la surface de sépara-
tion, un atome du corps
A sera soumis aux
forces exercées par le
corps voisin B ; il est
naturel d'admettre que

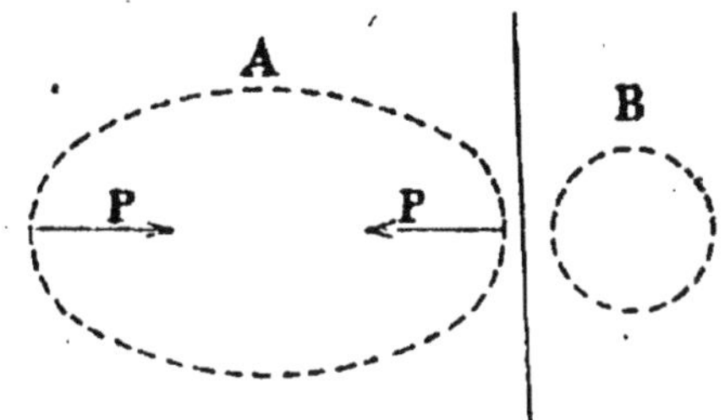

FIG. 5. — Représentation schématique
du contact de deux corps différents.

les forces, dues à B, sont différentes de celles qu'exercent,
dans la direction opposée, les atomes voisins du corps A.
La résultante, en chaque point, ne peut être nulle. Un
atome, voisin de la surface de contact, ne se mettra en
équilibre que sous l'action de deux pressions égales et
contraires, l'une appliquée du côté du contact, l'autre appliquée dans la direction opposée. Cette pression de contact sera, par symétrie, normale à la surface de séparation. Sa valeur dépendra de la nature des deux corps en
contact ; rien n'indique, *a priori*, qu'elle doive être indépendante de toute autre cause, telle que variation de
température, de charge électrique ; mais on peut facilement concevoir que ces influences secondaires soient négligeables, et que la pression de contact soit sensiblement constante entre deux corps donnés. C'est cette
hypothèse que nous sommes conduits à admettre, pour
l'interprétation de la gravité par les pressions, exercées
dans un milieu remplissant l'espace.

Dans ce milieu, on ne peut supposer qu'il existe d'autres
pressions, indépendantes des petits corps, car elles influe-
raient sur la valeur du viriel, qui ne serait plus de la

forme $\Sigma \left(\dfrac{m}{r^2} \right)$. Si, par exemple, le milieu n'était pas homogène, et si des pressions de contact s'exerçaient à la surface de séparation de deux zones, la valeur du viriel dépendrait, en chaque point, de la distance de ce point à la surface de séparation, et non pas seulement de sa distance aux petits corps, centres de pression. Ainsi apparaît la nécessité d'un milieu homogène, que nous rencontrerons plus loin pour d'autres raisons.

La seconde condition est la valeur constante du flux de pressions. Quel est le phénomène, lié à la pression, qui permet de donner au flux un sens déterminé ; quelle est la quantité, mesurée par le flux de pressions, qui ne peut passer des sphères centrales dans le milieu ambiant sans ressortir de ce milieu à l'infini ?

Il y a une quantité, dont nous avons déjà constaté l'invariabilité, à l'égard des phénomènes de gravité : c'est l'énergie cinétique. Ne serait-ce point une variation de l'énergie cinétique qui serait mesurée par le flux de pressions ? S'il en est ainsi, cette variation ne peut se produire en un point, sans être compensée en un point voisin, par une variation de signe contraire. Il faudrait donc admettre que, par un mécanisme inconnu, dépendant de la constitution des deux milieux en présence, la pression de contact soit accompagnée d'une variation superficielle de l'énergie cinétique, et que la variation inverse exige aussi une pression sur une autre surface voisine. Pour qu'il y ait proportionnalité entre le flux de pressions et le flux d'énergie cinétique, il suffit que ces quantités dépendent des mêmes paramètres, et qu'elles représentent des variations très petites. Dans ce cas, l'invariabilité de l'énergie cinétique déterminera une valeur constante des flux de pressions successifs, depuis le contact des sphères centrales jusqu'à l'infini.

Cette interprétation subsiste, si l'on considère, au lieu de l'énergie cinétique, toute autre quantité de valeur invariable. Le viriel changé de signe, $\Sigma \left[r\varphi'(r) \right]$, mesure l'énergie cinétique d'un système en mouvement permanent, pourvu qu'on étende le signe Σ à toutes les forces du système, intérieures ou extérieures. $\Sigma\,[r\varphi'(r)]$ est donc invariable au total, dans un milieu où l'énergie cinétique ne varie pas.

Au point de vue mécanique, on conçoit plus aisément pour le viriel que pour l'énergie cinétique, des variations locales compensées par des variations inverses en un point voisin. Une variation locale de $\Sigma\,[r\varphi'(r)]$ peut se produire, sans entraîner la variation locale de la force vive, car l'égalité entre ces deux quantités n'existe que pour l'ensemble d'un système permanent. Si les points matériels de la surface de contact ne constituent qu'une fraction d'un système permanent, la valeur de $\Sigma\,[r\varphi'(r)]$ pourra varier au contact, les forces vives restant invariables ; et la compensation se fera sur une surface voisine. On retrouvera l'interprétation précédente, pour la valeur constante du flux de pressions.

Cette condition est la seule qui intervienne dans l'équilibre du système. On doit donc admettre que le milieu, enveloppant les sphères, n'est assujetti à aucune autre liaison, analogue à la relation entre le volume et la pression des gaz, ou à l'incompressibilité des liquides.

14° Hypothèse d'un éther, diélectrique parfait. — L'énergie potentielle élémentaire doit être fonction du viriel, tandis que l'énergie cinétique en est indépendante. Cette condition peut, à première vue, paraître en contradiction avec l'équation de Clausius, qui donne l'expression de l'énergie cinétique d'un système de points en mouvement. On sait que la force vive moyenne de ces points est égale au viriel des forces appliquées, changé de signe :

$$\Sigma\,(mv^2) = -\,\Sigma\,(Xx + Yy + Zz).$$

Mais il faut bien remarquer que, dans le second

membre, la somme Σ s'étend à toutes les forces appliquées à tous les points en mouvement ; tandis que le viriel des pressions, que nous avons considéré jusqu'ici, ne comprend que des forces extérieures à un volume élémentaire.

Si l'on veut faire figurer le viriel des pressions dans la formule de l'énergie cinétique, il faut y ajouter le viriel des forces intérieures ; celui-ci peut être représenté par $\Sigma [r\varphi'(r)]$, $\varphi(r)$ étant le potentiel des forces exercées entre deux points matériels. Si l'énergie cinétique d'une particule est invariable, l'application d'un système de pressions, P, Q, R, donnant une valeur P + Q + R au viriel des forces extérieures, devra s'accompagner d'une réduction égale sur le terme $\Sigma r\varphi'(r)$. L'invariabilité de l'énergie cinétique doit être considérée comme une propriété fondamentale du milieu, qui serait un diélectrique parfait. Pour l'interprétation de cette propriété, nous renvoyons au paragraphe 17 des *Bases d'une théorie mécanique de l'électricité*.

On peut définir des systèmes de points matériels en mouvement permanent, dans lesquels l'énergie cinétique reste constante, quelles que soient les déformations du système. Il suffit qu'on ait un exemple de tels systèmes pour qu'on puisse concevoir qu'il en existe d'autres ; ce qui nous permet d'attribuer cette propriété aux diélectriques, sans invoquer d'autres hypothèses que les formules fondamentales de la mécanique. Il en sera de même pour le milieu où s'exercent les pressions de gravité. Nous pourrons écrire, pour un élément de ce milieu,

$$ -(\mathrm{P} + \mathrm{Q} + \mathrm{R})\, d\tau + \delta \left\{ \Sigma [r\varphi'(r)] \right\} = 0, $$

exprimant ainsi que la force vive, due au viriel des pressions, est compensée par une diminution égale sur le viriel des forces intérieures.

15° Variation de l'énergie potentielle en fonction du viriel.
— L'égalité précédente montre que l'énergie potentielle,
$\Sigma [\varphi (r)]$, est fonction du viriel des pressions. Considérons
en effet une déformation du système, dépendant de la
variation d'un paramètre quelconque λ.

On aura :

$$(P + Q + R)\, d\tau = \delta \left\{ \Sigma [r\varphi'(r)] \right\}$$
$$= \delta\lambda \Sigma \left[(\varphi' + r\varphi'')\frac{dr}{d\lambda} \right] + \frac{1}{2}(\delta\lambda)^2 \Sigma \left[(\varphi' + r\varphi'')\frac{d^2r}{d\lambda^2} + (2\varphi' + r\varphi'')\left(\frac{dr}{d\lambda}\right)^2 \right] + \dots$$

et de même :

$$\delta \left\{ \Sigma [\varphi(r)] \right\} = \delta\lambda \Sigma \left(\varphi'\frac{dr}{d\lambda} \right) + \frac{1}{2}(\delta\lambda)^2 \Sigma \left[\varphi'\frac{d^2r}{d\lambda^2} + \varphi''\left(\frac{dr}{d\lambda}\right)^2 \right] + \dots$$

La première équation détermine $\delta\lambda$ en fonction de
$(P + Q + R)$ et des paramètres du système ; la seconde
équation donnera donc la variation de l'énergie potentielle en fonction du viriel des pressions. On pourra
développer l'énergie potentielle élémentaire sous la forme :

$$d\tau [h(P + Q + R) + K(P + Q + R)^2 + \dots].$$

L'énergie potentielle totale du milieu aura pour valeur
l'intégrale, prise pour toute l'étendue du milieu :

$$\int d\tau [h(P + Q + R)] + \int d\tau [K(P + Q + R)^2] + \dots$$

Le système sera en équilibre stable, pour la valeur
minima de cette expression ; s'il s'agit de très petites
déformations, on négligera la seconde intégrale, pour la
recherche du minimum.

Nous avons vu que pour retomber sur la loi expérimentale de la gravitation, l'état stable devait correspondre à
la valeur minima de l'intégrale :

$$\int (P + Q + R)\, d\tau$$

étendue à tout l'espace.

Pour que ce minimum soit atteint en même temps que celui de l'intégrale :

$$\int h(P + Q + R)\, d\tau,$$

il est nécessaire d'admettre que h a une valeur constante et positive, dans tout le milieu où s'exercent les pressions de gravité, et que ce milieu s'étend dans tout l'espace.

Ce minimum étant atteint, l'énergie potentielle mesurable est représentée par l'intégrale :

$$\int K\,(P + Q + R)^2\, d\tau.$$

Pour que la valeur de cette intégrale puisse s'identifier avec la formule expérimentale $\Sigma \left(\dfrac{-\, mm'}{r} \right)$, il faut que K soit constant et négatif pour tout l'espace.

L'hypothèse d'un milieu homogène et indéfini s'impose donc de nouveau.

Ce milieu, le plus parfait des diélectriques, également répandu dans l'intérieur des diélectriques et des corps conducteurs, est-il nécessairement distinct des particules qui sont le siège de l'énergie électrique? Rien ne permet de l'affirmer. Si nous concevons les corps comme des édifices de points matériels en mouvement permanent, on peut supposer que des édifices élémentaires forment, par leur assemblage, des édifices plus complexes. La déformation des édifices élémentaires peut se manifester par certains phénomènes, par exemple la gravité, tandis que la déformation des édifices secondaires produira d'autres effets sensibles, par exemple l'électricité. Les phénomènes électriques supposent l'homogénéité d'un diélectrique limité. Or, dans un diélectrique, l'ensemble constitué par le milieu universel et par les centres de pression, de nature spéciale au corps, constitue un système hétérogène, si on considère des éléments très petits ; mais ce système pourra être sensiblement homogène, si on n'a à considérer que des éléments de volume plus étendus, englobant un grand nombre de centres de pression, de répartition moyenne uniforme.

Il est donc possible que la déformation électrique affecte des édifices plus complexes que ceux qui sont modifiés par les pressions de gravité, sans qu'il soit nécessaire d'admettre, pour les deux phénomènes, l'existence de deux sièges entièrement distincts.

16° Aucune dissipation d'énergie dans un diélectrique parfait. — A cette conception de particules pesantes, plongées dans un éther universel, s'oppose immédiatement une objection : comment n'y a-t-il pas dissipation d'énergie dans le milieu enveloppant indéfini? Si l'on ne considère que l'énergie interne et les mouvements permanents qui sont décelés par l'équivalence de la chaleur et du travail, l'hypothèse d'un éther n'introduit aucune difficulté nouvelle ; c'est le problème de l'équilibre de température entre deux corps en contact.

L'objection porte sur les mouvements sensibles des corps pesants. Si le voisinage des particules pesantes modifie l'énergie potentielle de l'éther, la circulation de ces particules devrait communiquer de l'énergie aux régions successivement traversées, d'où dissipation d'énergie et amortissement du mouvement. Nous ne connaissons pas le mouvement des corps pesants dans l'éther pur, nous ne percevons que des mouvements à travers des gaz raréfiés, jusqu'au vide des machines pneumatiques ou des espaces interplanétaires. Mais comme, dans les gaz raréfiés, l'expérience ne constate aucune dissipation sensible d'énergie, nous pouvons admettre que la dissipation est nulle dans l'éther.

Un nouveau rapprochement s'impose ici, entre l'éther et les corps diélectriques. Après avoir admis la localisation, dans le diélectrique, de l'énergie potentielle due à la charge électrique d'un conducteur, nous avons constaté que cette énergie disparaît instantanément avec la charge, sans échauffement du diélectrique. De même l'énergie de gravité, localisée dans l'éther qui enveloppe un corps pesant, et distribuée selon la distance à ce corps pesant, disparaît instantanément par le déplacement du corps pesant, pour reparaître en d'autres points de l'espace ; aucun échauffement ne décèle une dissipation d'énergie aux points où la gravité a cessé de s'exercer.

Nous avons interprété la restitution intégrale de l'énergie électrique en admettant que le diélectrique ne renfermait pas d'énergie potentielle acquise, mais seulement de l'énergie potentielle empruntée. Pour la définition de ces deux quantités, on peut se reporter au paragraphe 16 des *Bases d'une théorie mécanique de l'électricité*. Dans une modification d'un système de points matériels, l'énergie potentielle acquise est mesurée, au signe près, par le travail des forces appliquées aux points matériels. Ce travail n'est pas nécessairement égal à la variation du potentiel des forces appliquées au système ; car le travail des forces ne dépend que des déplacements du système considéré, tandis que la variation du potentiel dépend en outre des déplacements des corps extérieurs, quand des forces s'exercent entre le système considéré et ces corps. Si l'on retranche l'énergie acquise de la variation du potentiel, le surcroît est ce que nous avons appelé l'énergie potentielle empruntée.

Nous avons démontré (aux paragraphes 13 et 14 de l'ouvrage précité) qu'on peut définir des systèmes de points matériels en mouvement permanent, où l'énergie totale ne peut varier ; dans les mêmes systèmes, l'énergie cinétique reste constante ; il y a donc aussi invariabilité

de l'énergie potentielle acquise. Nous avons admis que
ces caractères appartenaient aux diélectriques, qui ne
pourraient recevoir que de l'énergie potentielle empruntée ; les variations d'énergie potentielle acquise
seraient localisées exclusivement dans les corps conducteurs. Ces propriétés géométriques nous ont permis
d'interpréter la propriété physique des diélectriques,
incapables d'absorber l'énergie dont ils semblent le siège,
et la restituant instantanément dès que cesse l'électrisation. Nous n'avons rien à changer à cette interprétation
pour l'étendre à la gravité, puisque nous avons été déjà
conduit à admettre que l'éther est un diélectrique parfait. Pendant le mouvement d'une particule pesante, les
pressions s'établissent dans l'éther ambiant, autour du
point occupé par le centre de pression ; elles disparaissent
à mesure que le centre s'éloigne ; il n'en résulte, dans
l'éther, que des variations d'énergie potentielle empruntée, qui est restituée instantanément, sans échauffement ni dissipation d'énergie. On ne doit pas supposer
que la distribution rayonnante s'établisse dans un temps
rigoureusement nul, autour du centre de pression en mouvement, jusqu'à l'infini ; il serait inconcevable qu'il n'y
eût pas une vitesse de propagation de la gravité, comme
il y a une vitesse de propagation de l'influence électrique. Mais, pour la gravité, la durée de propagation
paraît tout à fait insensible ; il semble que cette rapi-
dité de propagation soit liée à la rigoureuse invariabilité
de l'énergie cinétique ; ce seraient les caractères d'un
milieu qui réalise exactement les données théoriques des
systèmes à énergie invariable.

**17° Transmission des pressions de gravité parallèlement
au mouvement des corps pesants. Énergie de transmission.**
— La théorie précédente a donc pour conséquence nécessaire le déplacement des pressions de gravité, d'un

mouvement parallèle au déplacement du point pesant, qui en est le centre. C'est un phénomène exactement comparable à la transmission des charges dans un diélectrique, liée au mouvement de l'électricité dans un conducteur voisin ; toutefois, en électricité, on réalise par les courants un mouvement permanent de l'électricité dans les conducteurs et des charges dans le diélectrique ; tandis qu'on ne voit pas le moyen de reproduire cette permanence pour les mouvements sensibles des corps, et par conséquent pour le transport des pressions de gravité.

En électricité, les attractions électrodynamiques nous ont décelé l'existence d'une variation d'énergie, déterminée par la transmission des charges dans le diélectrique. Cette transmission n'est possible que moyennant un travail des forces appliquées aux points matériels du diélectrique, ce qui exige une déformation des trajectoires de ces points par rapport à l'état de repos. On conçoit donc sans peine que ces déformations soient accompagnées d'une variation d'énergie ; variation positive, car l'état de repos correspond à un équilibre stable, d'énergie minima. Cette condition d'atteindre un minimum, pour une vitesse nulle de transmission, nous a conduit à représenter l'énergie de transmission par la formule $h\sigma^2u^2$, où σ est la charge transmise, u la vitesse de transmission, h un coefficient spécifique du diélectrique. Cette formule se trouve confirmée, puisqu'on peut en déduire les formules expérimentales de l'électrodynamique et du magnétisme. Il paraît donc légitime de l'étendre à la transmission des pressions de gravité.

La quantité caractéristique du phénomène de gravité est le viriel, dont la valeur est, pour chaque élément de volume $d\tau$ de l'espace, $\Sigma\left(\dfrac{m}{r^2}\right)d\tau$. Cette somme entre en facteur dans l'expression de l'énergie élémentaire de

gravité, comme le carré σ^2 de la charge électrique entre
en facteur dans l'expression de l'énergie électrostatique ;
de même dans la formule de l'énergie de transmission, le
viriel des pressions de gravité devra remplacer le carré
de la charge électrique. Le déplacement d'un point pesant, de masse m, détermine la transmission d'une fraction de viriel, égale à $\frac{m}{r^2}\,d\tau$. C'est une quantité scalaire ; il n'y a donc pas à tenir compte de l'angle que
fait le rayon r avec la vitesse de déplacement. Si cette
vitesse est v, et q un coefficient spécifique de l'éther,
l'énergie de transmission devra être représentée par
$q\,\frac{m}{r^2}\,v^2 d\tau$. Ce sera de l'énergie potentielle empruntée,
puisque nous avons admis que l'éther ne peut absorber ni
énergie cinétique, ni énergie potentielle acquise.

L'énergie de transmission totale, pour tous les points
de l'espace, est égale à :

$$qmv^2 \int \frac{d\tau}{r^2}.$$

Cette intégrale, étendue à l'espace enfermé dans une
sphère de rayon r, est égale à $4\pi r$. Elle devient donc
infinie, quand le rayon grandit indéfiniment. Nous avons
fait la même remarque pour le viriel, quand nous avons
cherché sa valeur minima. Au point de vue purement
mathématique, on ne peut pas concevoir qu'une quantité
infinie puisse être un minimum ; nous nous sommes con-
tentés de chercher le minimum du viriel pour une valeur
très grande de r. De même, sans étendre l'intégrale précédente jusqu'à l'infini, nous nous bornons à la calculer
pour une valeur déterminée R, qu'on peut prendre très
grande. Cette restriction est légitime ; car si on supposait
que l'énergie de transmission doit être calculée pour tout

l'espace jusqu'à l'infini, il faudrait admettre en même temps la propagation instantanée, jusqu'à l'infini, de la distribution rayonnante des pressions.

L'intégrale $\int_0^R \dfrac{d\tau}{r^2}$ est indépendante de m, de v et de la position du point pesant qui se déplace ; on peut donc remplacer les termes $q \int \dfrac{d\tau}{r^2}$, par un coefficient p, spécifique de l'éther.

18° L'énergie de transmission des pressions de gravité peut s'identifier avec la force vive. — Le mouvement d'un point pesant, à la vitesse v, déterminera donc dans l'éther ambiant un surcroît d'énergie égal à pmv^2. C'est la forme de la force vive. Faut-il égaler le coefficient p à $\dfrac{1}{2}$, et conclure que la force vive n'est autre chose que l'énergie de transmission des pressions de gravité ?

Cette conclusion peut paraître choquante, puisque l'énergie de transmission doit être potentielle, tandis que l'idée même de l'énergie cinétique nous vient des corps en mouvement. Il faut un effort pour s'affranchir d'une idée familière, que l'habitude fait tenir pour évidente ; mais, si l'on examine de près les faits expérimentaux sur lesquels repose cette idée, on reconnaîtra que rien ne contredit l'identification de la force vive avec l'énergie de transmission.

Nous mesurons la force vive par la quantité d'énergie potentielle, dépensée pour mettre un corps en mouvement ; ou par l'énergie potentielle ou calorifique récupérée dans l'arrêt du mouvement. Rien ne s'oppose à ce que les mêmes mesures s'appliquent aussi bien à de l'énergie potentielle, pourvu qu'on admette les équations fondamentales de la mécanique. Ces équations impliquent la notion de force vive, sans laquelle elles n'auraient plus aucun sens ; il peut donc paraître étrange de les maintenir, alors que l'idée même d'énergie cinétique semble s'évanouir. En réalité, cette idée ne fait que changer d'objet : il faut chercher l'énergie cinétique dans les mouvements internes des corps, qui se manifestent par les phénomènes calorifiques. Quant aux mouvements sensibles, auxquels nous devons la notion expérimentale de force vive, ils ne produiraient en réalité que des variations d'énergie potentielle ; ou du moins l'énergie cinétique, due à ces mouvements, ne serait qu'un terme négligeable de l'énergie totale mesurable.

19° Équations générales de la Mécanique déduites de l'équation des forces vives. — Suivant cette conception, les équations fondamentales de la Mécanique s'appliquent seulement aux mouvements des points matériels constituant les corps pesants et l'éther ; on n'est donc pas en droit de les étendre aux mouvements sensibles des corps pesants, sans démontrer d'abord qu'elles sont la conséquence de l'équation des forces vives.

Soient (u, v, w) les composantes de la vitesse d'un corps pesant de masse m ; nous admettons que l'énergie de transmission est $\frac{1}{2} m (u^2 + v^2 + w^2)$. L'ensemble du point pesant mobile et de l'éther immobile ne constitue pas un système en mouvement permanent ; on ne peut donc pas lui appliquer le principe du travail virtuel. Il faut supposer une variation effective de la vitesse, dont les composantes prendront les variations du, dv, dw ; l'énergie de transmission variera de $m (u\,du + v\,dv + w\,dw)$. L'éther ne pouvant absorber ni restituer d'énergie potentielle acquise, et l'énergie cinétique du point pesant étant négligeable, la variation de l'énergie de transmission devra être exactement compensée par le travail des forces, de composantes X, Y, Z, appliquées au point pesant. On aura donc :

$$m\,(udu + vdv + wdw) = Xdx + Ydy + Zdz.$$

Choisissons des axes, tels que v et w soient nuls, et supposons d'abord que u varie seul. On aura (en remarquant que $dx = udt$, $dy = dz = o$), $m\,\dfrac{du}{dt} = X$, Y et Z étant d'ailleurs indéterminés. Donc toute accélération tangentielle $\dfrac{du}{dt}$ suppose l'existence d'une force appliquée, $X = m\,\dfrac{du}{dt}$. Réciproquement, toute force X appliquée tangentiellement produisant un travail $Xudt$, augmentera l'énergie de transmission d'une quantité égale $mudu$, de sorte que l'accélération est $\dfrac{du}{dt} = \dfrac{X}{m}$, les accélérations restant d'ailleurs indéterminées, suivant les directions transversales.

Considérons une variation de v, u et w restant invariables ; la différentielle vdv étant nulle avec v, la variation de l'énergie de transmission aura pour valeur $\dfrac{1}{2}\,mdt^2\left(\dfrac{dv}{dt}\right)^2$; elle doit être égale au travail des forces appliquées au point matériel pendant le temps dt. Il ne peut y avoir aucune force appliquée suivant l'axe des X qui donnerait, dans l'expression du travail, une différentielle du premier ordre ; la force Z, donnant un travail nul, reste indéterminée. La force Y donne un travail Ydy, et, l'accélération étant $\dfrac{dv}{dt}$, $dy = \dfrac{1}{2}\,\dfrac{dv}{dt}\,dt^2$. On aura donc :

$$\frac{1}{2}\,dt^2 m\left(\frac{dv}{dt}\right)^2 = \frac{1}{2}\,dt^2\,\frac{dv}{dt}\,Y, \qquad \text{d'où} \qquad m\,\frac{dv}{dt} = Y.$$

Donc toute variation de v suppose l'existence d'une force Y, égale à $m \dfrac{dv}{dt}$; et réciproquement toute force Y, appliquée normalement à la vitesse, produit une accélération $\dfrac{Y}{m}$ dans le sens de la force. Par conséquent la force Y est nulle quand la vitesse tangentielle varie seule; elle est également nulle quand w varie seule. On a donc, pour les trois composantes de la vitesse, des équations de même forme que les équations fondamentales de la mécanique :

$$X = m \frac{du}{dt}, \qquad Y = m \frac{dv}{dt}, \qquad Z = m \frac{dw}{dt},$$

et par conséquent la même équation s'applique à une projection de la vitesse sur un axe quelconque. Notre hypothèse n'a donc rien de contraire à la mécanique, qui se résume dans cette équation.

20° Analogies et différences entre l'énergie de gravité et l'énergie électrostatique ; entre la force vive et l'énergie électrodynamique. — Si la force vive est une quantité comparable à l'énergie électrodynamique, faut-il en conclure que des mesures plus précises doivent faire découvrir des réactions entre deux corps en mouvement, par un mécanisme analogue aux attractions électrodynamiques ? Dans ce qui précède, nous avons admis que l'énergie de transmission était représentée, pour chaque élément de l'espace, par $q \, \dfrac{m}{r^2} \, v^2 d\tau$, un seul corps de masse m étant en mouvement. S'il y a plusieurs corps en mouvement, de masses $m_1, m_2, \ldots, m_k$, chacun donnera lieu à une transmission de pression, caractérisée en chaque point par une vitesse $v_1, v_2, \ldots, v_k$, et par un viriel $\frac{m_1}{r^2_1}$, $\frac{m_2}{r^2_2}$, ..., $\frac{m_k}{r_{k^2}}$. Les viriels ne se composent pas comme feraient des charges électriques ; on doit donc admettre que chacun des mouvements de transmission se produit indépendamment, et donne une énergie de transmission $q\,\frac{m_k}{r_k^2}\,v_k^2$. L'énergie totale est $q\Sigma\left(\frac{m}{r^2}\,v^2\right)d\tau$ et, pour tout l'espace, $\Sigma\left(\frac{1}{2}\,mv^2\right)$. La force vive des divers mouvements s'ajoutera, quelle que soit la situation relative des points en mouvement ; l'énergie du système ne variera pas, comme celle d'un système de courants, par le déplacement des trajectoires ; il n'y aura pas, entre les corps en mouvement, d'attractions analogues aux effets électrodynamiques.

Telle est du moins la conclusion à laquelle on arrive, en n'écrivant que le premier terme du développement de l'énergie de transmission. Il est permis de supposer que ce développement se continue par un terme carré $\left[\Sigma\left(\frac{m}{r^2}\,v^2\right)\right]^2 d\tau$, dépendant de la position réciproque des points et de leurs trajectoires ; dans cet ordre de grandeur, il doit se produire des réactions entre corps en mouvement ; mais rien ne permet de prévoir si ces réactions ont une valeur mesurable. Les attractions entre courants dépendent du premier terme du développement de l'énergie électrodynamique ; elles ne peuvent donc, en aucune façon, servir de terme de comparaison, pour l'ordre de grandeur des réactions entre corps pesants en mouvement.

Entre l'électricité et la gravité, le mécanisme intime des phénomènes établit des différences profondes ; les analogies résultent des propriétés communes des corps diélectriques et de l'éther, qui sont le siège de ces deux formes de variation de l'énergie. Pour des systèmes à l'état de repos, l'analogie est manifeste entre la loi de Coulomb et la loi de Newton, qui expriment toutes deux une condition d'équilibre stable. Pour des systèmes en mouvement, on retrouve la même analogie, quoique sous des formes moins voisines, entre l'énergie électrodynamique et la force vive des corps en mouvement. La force vive ne serait autre chose que l'énergie de transmission des pressions de gravité ; on s'explique donc que le coefficient de masse se trouve également dans la loi de Newton, loi de l'état statique, et dans l'équation des forces vives, loi de l'état de mouvement.

21° Abandon des hypothèses d'action à distance. — L'électricité et le magnétisme sont, avec la gravité, les seuls phénomènes connus dont les lois expérimentales soient exprimées au moyen de forces exercées à distance. Nous n'avons pas rejeté *a priori* cette idée d'action à distance, qui n'est pas plus difficile à concevoir que l'action au contact ; et même, pour appliquer les principes de la mécanique aux forces de contact, nous sommes réduits à admettre, entre les points matériels constituant les milieux, des actions exercées à distance, bien qu'à distance très petite. Mais les actions à grande distance, s'il fallait les considérer comme une propriété primordiale des corps, ne donneraient pas une explication satisfaisante de tous les faits connus. Cette insuffisance est particulièrement frappante en électricité, où le pouvoir inducteur spécifique des diélectriques exclut entièrement l'idée d'attraction à distance suivant une formule géométrique.

Pour la gravité, tous les faits tiennent dans la loi de Newton. Mais la loi d'attraction, simple comme une définition géométrique, renferme un coefficient, la masse, qui est aussi le coefficient de l'accélération, dans les équations de la mécanique ; il y a donc, entre les deux phénomènes, une proportionnalité, dont l'action à distance ne donne pas raison. Elle trouve au contraire son interprétation, par l'hypothèse des actions de contact dans les milieux interposés ; la loi de Newton, comme la loi de Coulomb, traduit une propriété géométrique des petites déformations dans un système en équilibre stable.

Tours — Imprimerie Deslis Frères et Cⁱᵉ.

TOURS

IMPRIMERIE DESLIS FRÈRES ET Cie

6, Rue Gambetta, 6